ZHUSHI
GUSHI

主食故事

本书编委会 编

新疆科学技术出版社

图书在版编目（CIP）数据

主食故事 / 本书编委会编 .——乌鲁木齐：新疆科学
技术出版社，2022.5（知味新疆）
　ISBN 978-7-5466-5196-5

　Ⅰ.①主… Ⅱ.①本… Ⅲ.①饮食—文化—新疆—普及
读物 Ⅳ.① TS971.202.45-49

　中国版本图书馆 CIP 数据核字 (2022) 第 114152 号

选题策划	唐　辉　张　莉
项目统筹	李　雯　白国玲
责任编辑	吕　才
责任校对	牛　兵
技术编辑	王　玺
设　　计	赵雷勇　陈　上　邓伟民　杨筱童
制作加工	欧　东　谢佳文

出版发行	新疆科学技术出版社
地　　址	乌鲁木齐市延安路 255 号
邮　　编	830049
电　　话	(0991）2870049　2888243　2866319（Fax）
经　　销	新疆新华书店发行有限责任公司
制　　版	乌鲁木齐形加意图文设计有限公司
印　　刷	北京雅昌艺术印刷有限公司
开　　本	787 毫米 ×1092 毫米　1 / 16
印　　张	5.5
字　　数	88 千字
版　　次	2022 年 8 月第 1 版
印　　次	2022 年 8 月第 1 次印刷
定　　价	39.80 元

丛书编辑出版委员会

出品单位

新疆人民出版社（新疆少数民族出版基地）

新疆科学技术出版社

新疆雅辞文化发展有限公司

目　录

09　指尖金谷 · 抓　饭

抓饭，是镌刻在新疆传统文化里的特殊符号，已然在漫长的时光中，沉淀了熟悉而踏实的味道。原来，每个人心底最温暖的期待是味蕾深处的故乡。

27　牧家之味 · 纳　仁

纳仁，对冬日里的牧民来说，是一年辛勤劳作的收获，里面有着阳光的味道、草原的味道、火的味道、风的味道以及时间的味道。

41　百味一面 · 拌　面

一盘拌面，或许繁忙在双手间，或许蒸腾在餐桌上，或许酝酿在家味里，或许隐藏在街巷中……从眼前掠过直达心间，是我们一辈子的馋。

57　炉火滋味 · 馕

它拥有着太阳的光芒、火焰的余晖；它享受着土地的恩赐、清泉的润泽；它弥散着古老的香气、原始的味道；它诉说着父亲的辛劳、母亲的温暖……有馕的地方才是家。

73　焰火暖香 · 烤包子　薄皮包子

微风的光临，让它们飘香四溢；阳光的拜访，让它们灵秀诱人。炉火明灭间成就的迥异之味，恰巧也是心仪之味。请细细地咀嚼，静静地回味。

在美味的世界里，各式风味的菜品，
更容易获得人们青睐。

其实，主食才是餐桌上永远的主角。

新疆有独特的气候、风物和民俗风情，
注定了新疆的主食也与众不同。

那是关于食材碰撞、风味交融的传奇。

指尖金谷

抓饭

抓饭，是镌刻在新疆传统文化里的特殊符号，已然在漫长的时光中，沉淀了熟悉而踏实的味道。原来，每个人心底最温暖的期待是味蕾深处的故乡。

八月，是吐鲁番最炎热的季节，也是葡萄成熟的季节。

阿依仙木在葡萄沟下经营着一家农家乐，她家的葡萄干抓饭是一道颇具特色的农家风味。

葡萄干，来自自家种植的葡萄。

每到葡萄成熟季，将采摘下来的葡萄放进晾房，在高温干燥的气候条件下，晾房中空气对流产生的干燥热风会使葡萄的水分迅速蒸发，糖分因此凝练。

阿依仙木家的葡萄干抓饭也因此变得甘甜味美。

此时，一上午忙着采收葡萄的家人都歇在葡萄架下，他们躲避着正午猛烈的阳光，也等待着即将上桌的葡萄干抓饭。

抓饭，是新疆最常见也是最具特色的一道主食。新鲜的羊肉、胡萝卜、皮芽子（即洋葱，新疆本地的一种叫法）和大米在清油的"撮合"下，会产生奇妙的反应。一锅地道的抓饭油亮生辉，味香可口，既是农家常见饭食，也是必不可少的待客佳品。

此时，阿依仙木正在忙碌，葡萄的丰收让她心情愉悦。

抓饭
食材

大块的羊排在油锅中翻炒至一定程度后加入切好的胡萝
卜、皮芽子继续翻炒，再加入泡好的大米和水焖煮。

抓饭的制作过程虽然很简单，但需要丰富的经验。

抓饭将要起锅时，加入自家产的葡萄干。

肉香混合果香，扑鼻而来。

抓饭中葡萄干的果香和胡萝卜的清香会中和羊肉的肥腻，
咸甜相宜。

啃着羊排，吃完抓饭，胃里充实、熨帖，鼻尖仍有余香。
葡萄架下，大家享受着只属于吐鲁番的午后时光。

一盘普通的抓饭，因为有了葡萄干，所以多了甘甜滋味，
也有了自己的风味。

此时，远在千里之外的阿勒泰市拉斯特乡，库丽汗正准
备给在城里工作的小儿子做一顿传统抓饭。

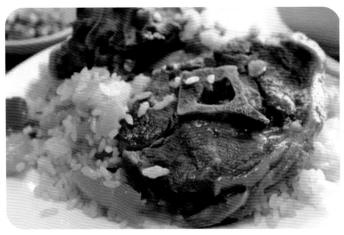

这里的牧民常年以肉为食,都有一手"庖丁解牛"的本事。

剔好的羊腿肉,将成为今天抓饭的主材。

胡萝卜也是做抓饭时不可或缺的食材。

胡萝卜味甜,能提升抓饭的口感,配色也极为好看。它富含的胡萝卜素与羊油是最好的搭配。

羊肉在锅里翻炒片刻,加入皮芽子、胡萝卜继续翻炒后再加入大米焖煮,不需要特别的程序,就能让这锅抓饭滋味十足。

抓饭，顾名思义，就是用手抓着吃的食物，也是不少国家餐桌上的宴客佳肴。虽然各个国家的做法有别，但食用方式都是异常统一。

将双手洗净，从饭堆的边缘入手，用右手的食指、中指、无名指作"品"字状，将饭压成一个小团后，辅以大拇指将饭团送入口中。很多人都认为用手抓着饭来吃，要比使用餐具更香，可能这与日系料理中所说的"用手的温度捏出来的寿司味道更好"是一个道理。或许还因为这种食用方式是我们在孩童时期的一种与生俱来的本能。

其实，仔细想一下有关于抓饭的历史，也会大概猜测出是因为当时的人们没有餐具，才会采用这般原始的方式。所以，抓饭的特色其实并不在于"饭"，而是在于"抓"。

抓饭是新疆各民族在宴客中最重要的食品之一。

抓饭是新疆各民族在宴客中最重要的食品之一，无论大小节日还是婚丧嫁娶，都是餐桌上不可或缺的存在。可以说，没有抓饭的筵席，就不能称其为完美的筵席。

由于抓饭所用食材相对较少，制作工艺相对简单，且食材成本也相对较低，因此特别适合在大型活动中被当作主食食用。

活动中由于宾客太多，无法预备足够多的餐具，清理起来也较为麻烦。为了确保卫生，待客人清洗完双手后，主人会为其递上干净毛巾擦干，已便来客用"手抓"的形式享用这道美食。于是，美味与形式正式合二为一。

如今，抓饭仍被人们认为是一种"长面子"的主食。铺上一块干净的餐布，邀请客人们围坐桌前，主人将刚出锅的抓饭盛至精美的大盘中，端上炕桌，请客人们用手从盘中抓食，或以小勺食用。香喷喷的羊肉、软糯糯的大米、黄澄澄的胡萝卜……都为这一份金灿灿的抓饭增添了不少色彩。

抓饭还是一道营养价值十分丰富的美食。抓饭中被称为"小人参"的胡萝卜中和了羊肉的厚重，不仅去油解腻，更为抓饭带来了丰富的味觉层次；而羊肉中的油脂也可以帮助胡萝卜素在肠道中更好地溶解，在酶的作用下转化成维生素 A 等物质，以利于人体吸收。因此，抓饭一直负有"十全大补饭"之美誉。

在新疆，不同地区、不同民族的抓饭都有不同的特色。如果把新疆的美食比作百花，那么抓饭便是百花之王，辅以百种食材，容纳百般滋味。

抓饭从食材的选择上主要分为用鸡鸭鹅肉、马牛羊肉、鸽子肉制作出的肉抓饭和以葡萄干、杏干、红枣、哈密瓜干、桃干、石榴、木瓜、南瓜、鹰嘴豆、核桃、枸杞、红花等食材制作出的素抓饭。

素抓饭食材

红枣　　核桃

石榴　　南瓜

鹰嘴豆　　枸杞

羊腿抓饭　　　不同风味的抓饭　　　碎肉抓饭

素抓饭　　　薄皮包子抓饭

在上百种不同风味的抓饭中，筋肉相连的羊腿抓饭、肥瘦相宜的羊排抓饭、软嫩无骨的碎肉抓饭、鲜嫩多汁的鸡腿抓饭、嚼劲十足的风干肉抓饭、熏香筋道的马肉抓饭、豪华组合的薄皮包子抓饭、粒粒香浓的黑抓饭、清香淡雅的素抓饭以及香甜可口的干果抓饭并称为新疆人最爱的十种抓饭。其中，干果抓饭又称为"甜抓饭"。之所以甜，是因为在中国有一片最炎热而甜蜜的地方——吐鲁番。

提起吐鲁番，葡萄就像是忠诚的守护者，从来不曾被遗忘。甘甜清洌的坎儿井水润养着这片郁郁葱葱的高昌绿洲，在整片的驼色中，总能看见大片大片的新绿与一簇一簇的红色、紫色装点着"火洲"的盛夏。"苍藤蔓架覆檐前，满缀明珠络索圆。赛过荔支（枝）三百颗，大宛风味汉

家烟。"清代诗人肖雄在《果瓜》这首诗中赞扬赛过荔枝的"络索"就是葡萄。

自张骞从地处亚洲中部的大宛带回葡萄种子至今，无论是柏孜克里克千佛洞、胜金口千佛洞中的葡萄壁画，还是博物馆中陈列着的葡萄藤，抑或是高昌故城遗址中发现的酿造葡萄酒的作坊和酒坛……无论是欢快的葡萄主题歌舞、靓丽的葡萄样式花帽，抑或是美艳的葡萄彩绘大门、多彩的葡萄纹样配饰……无论是唐代诗人王翰笔下的"葡萄美酒夜光杯，欲饮琵琶马上催"，抑或是歌词中的"吐鲁番的葡萄熟了，阿娜尔罕的心儿醉了"……那些被拂去黄沙的珍贵文物，那些大地上雕刻出的艺术品，那些耳熟能详的诗与歌，无不诉说着吐鲁番与葡萄跨越千年的相依相随、相守相恋。这一颗颗小小的果实，于这个古丝绸之路上车辙印最深的地方，不仅孕育出蓬勃的生命和传统的文化，也承载着华夏的精神和千年的历史，更连接着古老的文明和美好的愿景。

吐鲁番有无核白、玫瑰香、马奶子、巨峰等 500 多个葡萄品种，堪称"世界葡萄植物园"。葡萄皮薄、肉嫩、汁多、味美、营养丰富，经过十字形通风孔晾房的晾晒后，水分被快速蒸发，成为了锁住果肉纤维和葡萄糖成分的含糖量高达 60% 的葡萄干，被人们视为珍品。

将葡萄干融入抓饭之中，实属偶然，也是必然，更是特定历史时期祖辈们就地取材的智慧结晶。在那个年代，人们的生活水平不高，人体所需要摄取的糖分不足，这让百姓们开始寻觅能够补充能量的食材。葡萄干因此进入了人们的视野，不仅用它的"甜"征服了人们的味

将葡萄干融入抓饭之中，更是特定历史时期祖辈们就地取材的智慧结晶。

蕾，还用它的"甜"补充了人体之所需。当鲜香的米饭配上果糖丰富的葡萄干，就是平衡体内电解质最好的方法，也让人们的生活充满了甜美的滋味。

抓饭并不是什么名菜，也没有太多的特点，但是却因为"手抓"的享用方式让它成为一道具有地域特色的风味主食，让人们在吃饭之时有了一种自由的畅快。

一盘盘令人垂涎的抓饭正告诉我们，这是一个舌尖上的故乡，也是一个充溢着幸福的地方。再次望向那盘中之餐，米润如玉，色如泼金，蔬果灿黄，骨肉飘香。叼一口果干，甜润心间；品一指金谷，来日方长。

牧家之味

纳仁

纳仁，对冬日里的牧民来说，是一年辛勤劳作的收获，里面有着阳光的味道、草原的味道、火的味道、风的味道以及时间的味道。

库丽汗在做一道游牧民族传统面食——纳仁。

和好的面，用擀面杖一边不停地擀，摊开来就是一整张薄薄的面饼。面饼被来回往复地叠在一起，切成宽度均匀的面片。

大块的风干羊肉，已经在铁锅里煮熟。

在煮肉的汤中下入切好的面片，待面煮熟捞出盛入盘中，上面放上切好的风干羊肉、皮芽子，淋以肉汤，这盘让人垂涎欲滴的风干肉纳仁足以抚慰身心。

一道合口的饭菜，是母亲对孩子最朴素的关爱和心意。

家人们围坐在一起，静静享受着温馨的时光。

纳仁，原本是一道牧区美食，随着社会的发展，这道美食已经走出牧区，进入城市，成为每个人都能享用的特别风味。

新疆伊宁市一条不知名的巷子里，有一家以烹制熏马肉纳仁而远近闻名的小店。

一大早，厨师便来到店里，为一天的生意做准备。

面粉中打入鸡蛋，和出来的面会更有韧劲。生面团擀成薄面饼，经过压面机的挤压，成为宽窄均匀的面条。这样的面有着更好的卖相。

灌制好的熏马肠和熏马肉慢火炖煮，会慢慢释放出时间所凝练的风味。

让人垂涎欲滴的风干肉纳仁足以抚慰身心。

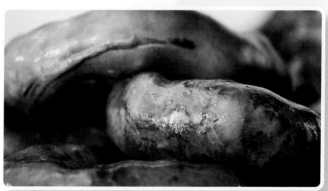

煮好的面，放上切好的马肉和马肠，再撒上切碎的皮芽子。

一盘熏马肉纳仁，带着熏肉的浓香，又有面条的爽滑，吃起来别有一番风味。

从皑皑雪山到青翠草原，古老的游牧民族长年与雪山、森林、草原相伴，过着"逐水草而迁徙"的生活。牧民们在一次次迁徙的过程中接受着考验，创造出最适合食材本身的吃法。对于物产丰饶的草原而言，天赐的美味，总能手到擒来。

纳仁，被人们亲切地称为"手抓面"或"肉片面"。说的直白一些，其实就是将新疆人最爱的手抓肉与拌面合二为一，成就出的一盘牧家之味。这道在牧区常见的特色佳肴，带着草原特有的味道，成为维吾尔族、哈萨克族、柯尔克孜族、蒙古族等牧民们招待贵宾的食物。

将现宰的连骨羊肉切成十二块，加上燎洗干净的羊头一同炖煮。锅中只放些许起调味作用的食盐，为的是保持肉鲜味香。出锅时，将羊头和肉盛出，然后在肉汤中下入面条或面片，煮熟后捞出装盘，把肉放在最上面，一道原汁原味的纳仁就可以上桌了。

吃这种面主客双方皆要在用餐前清洗双手，主人会把羊头放在客人面前，以示尊敬。客人先用小刀削下羊脸上的一块肉，递给主人，以示感谢；然后再割一只羊耳递给主人的孩子，或是在座中的最小者，意为希望晚辈多听长辈的教导。之后，由主人主刀，将其中的大块肉削成碎块，放入切好的皮芽子，再淋浇上一勺热热的肉汤，搅拌均匀后，大家便可开始食用。根据个人的喜好，可用勺或筷子食用，也可直接用手抓食。大块的肉伴着大盘的面，肉质酥烂鲜香，面条柔韧爽口，肉面合一的味道实在鲜美无比。吃完后，主人还要请客人喝碗羊肉汤，正所谓"原汤化原食"。

大块的肉伴着大盘的面，肉质酥烂鲜香，面条柔韧爽口，肉面合一的味道实在鲜美无比。

饮食习惯的形成，往往与自然条件、历史文化等有着密切的关系。在过去，纳仁以现宰的新鲜羊肉为主进行制作，随着时代的发展，现在的纳仁种类繁多，有风干肉纳仁、马肉纳仁、马肠子纳仁等。

在新疆，只要有草原的地方就会有哈萨克族人的身影。当天气转凉快要下雪的时候，预示着这一年即将过去。牧民们开始赶着马、牛、羊，从夏牧场转场迁徙到冬牧场，并将自家的毡房迁至风雪较小、地势平坦的山沟内，成为冬天的住所，也就是人们常说的"冬窝子"。

为了抵御寒冷而漫长的冬季，哈萨克族人在每年的入冬前后（一般都是下过第一场雪之后）会宰杀马、牛、羊等家畜，一来表示对丰收的庆贺，二来储存过冬的食物。

为了让马、牛、羊肉能够保存更长的时间，新疆各民族
在生活中研究出了具有自己饮食特色的风干肉和熏马肉。

风干肉的做法并不复杂，刚宰的马、牛、羊肉不用水清洗，
直接撒上盐进行揉搓。等肉腌制好后，悬挂在屋内的横
梁上自然风干。讲究的人家还有专门的风干房，便于空
气的流通，使肉风干得更快更好。

风干后的肉全无水分，香味却凝结和浓缩了，入口之时味道浓重、口味独特且更有嚼劲。因为在腌制的过程中加入了适量的盐，所以经年不坏，一直可以吃到来年冬天。

在这美味的背后，还有着一段传奇的故事。据史料记载，风干肉的历史要从成吉思汗时期说起。当时的蒙古兵会将百十公斤重的牛肉风干并碾成碎末，以减轻行军路途中背负粮食之重，食用时只需用水冲饮即可。因其营养丰富、香脆可口、携带食用方便，成为蒙古勇士的主要军粮，这也是成吉思汗军队的"秘密武器"之一。后来，蒙古族的牧民便形成了世代晾晒牛肉的生活习惯。风干肉逐渐在草原上流传开来，各族牧民都学会了制作风干肉的方法。

千百年来，游牧民族一直将马肉作为冬肉首选。素有"天马"之称的伊犁马饮天山雪水，食野生百草，雄健四方。无论是走进哈萨克族家庭，还是哈萨克族美食餐厅，马肉都是主要的食品。

马是陪伴游牧民族时间最长的动物。

马肉具有很高的营养价值，脂肪质量优于其他红肉类动物脂肪。

在新疆的草原上，哈萨克族牧民家中一般至少会养三匹马。一匹日常骑行放牧，一匹参加赛马、叼羊等草原节日活动和比赛，还有一匹则作为冬肉食用。

马肉具有很高的营养价值，脂肪质量优于其他红肉类动物脂肪。因此，哈萨克族牧民将马肉视为冬肉中的第一位，特别重视马肉的加工。为了使马肉能保存较长时间，他们采用了世代传承的方式——熏。因为马肉中的油脂不同于牛羊肉的脂肪，即便在冬天也不会凝固，因此需要通过高温熏烤后才能更好地保存。经过长期实践，牧民们发现用天山深处富含松香的松树枝以及伊犁河谷平原包裹果香的野果树枝熏制出的马肉口感最佳。松树枝与果树枝不仅能给马肉增香，更能将马肉自身的香味牢牢锁住。

伊犁是出产纯正熏马肉、熏马肠的地方，其中熏马肠更是所有熏肉中的上品。据史书记载，伊犁熏马肠已有几百年的历史了。一根纯正的熏马肠一定是粗细适中、肥瘦相宜、筋韧爽口、油而不腻，且越嚼越香，有强筋壮骨的功效，具有很高的营养价值，而且易储存、易携带。

和其他地区用搅碎的肉制肠不同，哈萨克族人制作马肠
的方式更为粗犷大气：牧民们会先将小肠洗净，按马的
肋条切成条肉，再剁成肉块。撒上大粒盐后均匀揉搓，
经过一个小时的腌制，将整块肉塞进马肠内。最后，还
会用二根带肉的肋条分别从马肠的两头塞入，故意露出
一小截肋骨，再以红柳枝封口。

熏制时将马肠和马肉拿进熏房挂在屋顶悬挂的肉架上，
把一只火盆放在肉下边，点燃富含松香的松树枝和包裹
果香的果木枝。此时，果香、松香、肉香在烟火中轻柔
徘徊，香气足以包围整个村庄。待明火熄灭后，控制好
烟量和温度，关紧门窗至少 48 小时，以保证均匀入味。
不同于南方的腊肉，新疆的熏马肉会在夜间经历零下
20 度的低温，反复地冷冻赋予了熏马肉独特的味觉。虽
然形式粗犷，但滋味细腻，看似简单，却回味悠长。这
些元素神奇地组合在一起，使熏马肉、熏马肠在冰与火
中呈现出绝世美味。

其实，北疆地区的熏肉方式各不相同，有的地方选择梭
梭柴老根进行熏烤，有的地方使用红柳熏制，还有的地
方则使用更为随意的方式。比如，阿勒泰地区的牧民在
制作熏马肉时用的不是火盆，而是有烟囱的炉子。他们

认为让腌肉里的水分挥发即可，这样熏出来的马肉类似风干肉。

要想把熏马肉纳仁做得好吃是有诀窍的：一是面要保证一定的硬度；二是煮面的肉汤要浓。熏肉煮好后，脂肪呈淡淡的金黄色，深棕色的瘦肉透着一股干香，配上皮芽子一点都不油腻。熏马肠里包裹着的肋条骨头越啃越香，熏烤后的马肉里特有的脂香又在炖煮中释放出鲜香味，让藏在熏味里的肉汁一丝一丝完美渗出，升腾起熏制肉类特有的诱人味道，再搭配一份热面，浇上一勺热汤，面的香甜里合着熏肉的鲜香，闻着口中生津，吃着大呼过瘾。熏马肉纳仁足以让人感受到的游牧民族融合现代文明的气息，也足以让我们的胃肠思念伊犁很久很久！

虽然现在已经有多种方式来保存食物，但腌制、风干、烟熏等古老的方法在保鲜的同时，也意外让我们获得了与鲜食完全不同的味道。在寒冷的冬日里，煮上一锅风干肉或熏马肉，再动手和个面，做一盘地道的纳仁，让温热的冬肉驱走身上的严寒，也让餐桌上升腾起暖暖的草原牧家之味，更慰藉着远在他乡游子的心。

新疆的熏马肉会在夜间经历零下 20 度的低温，反复地冷冻赋予了熏马肉独特的味觉。

百味一面

拌面

一盘拌面，或许繁忙在双手间，或许蒸腾在餐桌上，或许酝酿在家味里，或许隐藏在街巷中……从眼前掠过直达心间，是我们一辈子的馋。

来自奇台的面粉，在新疆大地上流转。

不同风味的面食，牢牢掌握着主食圈里绝对的话语权。

面食，在新疆人的饮食构成中有着举足轻重的地位。

细腻的奇台面粉，更是新疆面食的重要来源。

在奇台面粉的原产地，一道过油肉拌面是处理面粉最好的方式。

面食，在新疆人的饮食构成中有着举足轻重的地位。

每到中午，街上的拌面店就开始忙碌起来。

面粉里加入水和鸡蛋，经过反复揉压，使麦胶蛋白和麦谷蛋白吸水膨胀，面团变得立体而有弹性。

发好的面团摊成面饼，用刀切成细长条，均匀拉至手指粗细，再在大盆里盘成一圈。

盘面是经验式操作，圈叠时抹上植物油，以防粘连。盘好的面静置盖好，让面条内的蛋白分子有松弛和重构的时间。

拉面，如同白鹤亮翅，动作舒展大气。这是新疆拌面的精髓所在，也是拌面筋道嚼劲的关键。

过油肉拌面的配菜至关重要，肉的口感尤其讲究。

拉面，如同白鹤亮翅，动作舒展大气。这是新疆拌面的精髓所在，也是拌面筋道嚼劲的关键。

新鲜的牛后腿肉切成片，加入花椒粉、芡粉、酱油等进行充分腌制，然后在锅里高温过油，最后和青红辣椒、皮芽子一起翻炒。

一道成功的过油肉，肉片色泽鲜亮、入口嫩滑、香味浓郁。

新疆的拌面配菜种类变化万千，每个地方都有适合当地口味的拌面。在新疆克孜勒苏柯尔克孜自治州的首府阿图什，流行着一种恰玛古拌面。

恰玛古，也叫芜菁，是自然界中少见的富含有机活性碱的蔬菜，被称为长寿圣果，在新疆有着悠久的种植和食用历史。

新鲜的羊后腿肉，肥瘦相宜，与恰玛古丝搭配，浓香不腻，有着特别的风味。

扎实的拌面，是新疆人最爱的主食之一。

在历史长河中，我们的祖先开荒播种、勤劳耕作、秋收冬藏，形成了中国的面食文化。在中国，最初所有面食统称为饼，其中在汤中煮熟的叫"汤饼"，即最早的面条。《荆楚岁时记》中写道："六月伏日进汤饼，名为避恶。"句中的"恶"指的就是疾病。因伏天细菌较多，饮食不洁，易患疾病；而"汤饼"可能是古代伏天污染最少的食品，用开水沸煮，会大大减少疾病的发生。

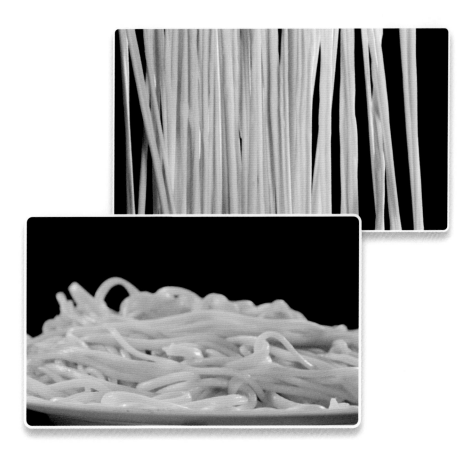

汉代的刘熙在《释名·释饮食》中记载有"索饼"，北魏的贾思勰在《齐民要术》中记载有"水引饼"，唐朝有一种称为"冷淘"的过水凉面。到了宋朝，"面条"一词正式通用，还出现了插肉面、浇头面等10多种面条种类。元朝时发明了挂面，明朝时发明了拉面和刀削面。清朝乾隆年间又发明了经过煮、炸后，再加入菜肴焖烧而熟的伊府面……这些都是中国历史上最为著名的面条制品。

拌面是面和菜的结合，是将面和菜拌成一大盘亲密无间的"菜面"。为什么必须讲究一个"拌"字？因为只有把香喷喷、油汪汪的菜跟面拌在一起，才能让面变得油滑爽利，吃起来满口生香。

在新疆，但凡是大众喜欢的菜都可以成为拌面的伴侣。过油肉拌面、辣子肉拌面、韭菜肉拌面、芹菜肉拌面、白菜肉拌面、酸菜肉拌面、蒜苔肉拌面、豆角肉拌面、茄子肉拌面、蘑菇肉拌面、豇豆肉拌面、大盘鸡拌面、椒麻鸡拌面、土豆丝拌面、西红柿鸡蛋拌面……就算连续吃一周，也不会重样。

拌面的灵魂在于面，必须选用上好的翻年冬小麦磨出来
的面粉进行制作。依托新疆的地理位置优势，冬小麦在
土壤中待的时间最长，养分与光照时间也都异常充足，
所以和出的面始绵后韧、圆润微弹。

拌面的面需要经过反复揉搓，从手腕粗细揉到手指粗细后，
将面条一圈一圈旋转盘叠于平盘之内做成面剂。煮面前，
取一条面剂，双手均匀使力，反复在案板上拉、捽、摔、打，
直至将面条拉成筷子般粗细，提起一抖，放入沸水中大
火浸煮。给面条输送最旺盛的活力，自然也能让面条筋
道爽口。

如果说面是灵魂所在，那么菜自然就是点睛之笔了。

这也是拌面师傅们口中常说的"一揉、二盘、三拉、四炒"。他们站在三尺长案前，如同国画写意大师一般，动作一气呵成，行云流水，在锅碗瓢勺之间奏响了最和谐的华美乐章。

油重、量大、味厚的过油肉拌面的制作方法除了源自祖辈们的口耳相传，也广泛吸纳了天南地北的食客们的意见与建议。从细节入手，博众家之长，不断改进制作工艺，逐步形成了独具特色的新疆拌面风格。满满当当的一大盘菜在汤汁油水中，必须要达到溢出的视觉效果才算正宗。看起来有几分粗放，但细细品味却回味悠长。

做面有做面的讲究，吃面自然也有吃面的讲究。剥蒜、加料、加面、喝汤就是新疆人吃拌面的四大顺序。新疆人吃拌面时一般都爱配着大蒜，也会加醋，还会放些油泼辣子。在等拌面上桌的时候，剥蒜就成了主要的休闲活动。剥完蒜后，人们通常会顺势将蒜放在茶水碗中泡着。这也是新疆人吃拌面前的一大习惯。

拌面上桌后，人们会第一时间将菜倒入面中，加上醋和油泼辣子搅拌一通，让每一根面都均匀地裹满汤汁。执筷上抬，卷面成团，一口面，一口大蒜。等面快吃完了，便理直气壮地大喊一句"老板加面！"，这也成为食客们最默契的举动。

吃饱后，"喝足"就显得尤为重要了。清代文学家李渔曾写道："汤以调和诸物，尽归于面，面具五味而汤独清。"来碗面汤，用"原汤化原食"，把这饱腹感进一步转化成拌面的余味绕肠。

新疆人对拌面的钟爱，大概也是因为它寄托了一种直抵人心的情绪：一倒，一拌，一挑，一吹，一口入齿间，在一片"稀里呼噜"的吃面声中，给人以踏踏实实的满足感，从而获得微小而确实的幸福感。

一碗好面，是每个人记忆深处家的味道，也是一座城市中最接地气的"面子"，更是源自华夏文明的味道精髓。这一碗面，可融百味，可慰平生，可解最深的乡愁。

这一碗面，可融百味，可慰平生，可解最深的乡愁。

炉火滋味

馕

它拥有着太阳的光芒、火焰的余晖；
它享受着土地的恩赐、清泉的润泽；
它弥散着古老的香气、原始的味道；
它诉说着父亲的辛劳、母亲的温暖……
有馕的地方才是家。

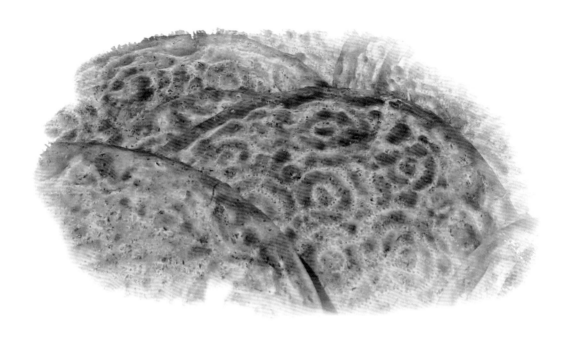

新疆人三餐都可能出现的主食，是一种叫作馕的烤制食品。

馕在新疆的历史悠久，是深受新疆各族人民喜爱的风味美食。它的外形大多呈圆形，中间薄，边沿略厚，中央戳有许多花纹。

馕的品种繁多，但个头和名气最大的，要属大如车轮的库车大馕。

热西提家里三代打馕。如今，他继承这门手艺已近40年了。打馕的每一道工序早已烂熟于心。

对于温度的控制，是打馕中至关重要的环节。有经验的打馕师傅会通过向馕坑洒盐水的方式，来控制馕坑内的温度。

热西提只凭手的触觉，就能判断温度是否合适。

硕大的面饼撒上皮芽子碎，放入馕坑，贴在馕坑的内壁上。

面饼逐渐隆起，变得金黄酥脆，皮芽子的甜香混合着浓郁的麦香，在热馕出炉的一瞬间扑面而来。

做好的馕，就放在馕坑边上卖。热西提的生意，会一直持续到晚上。

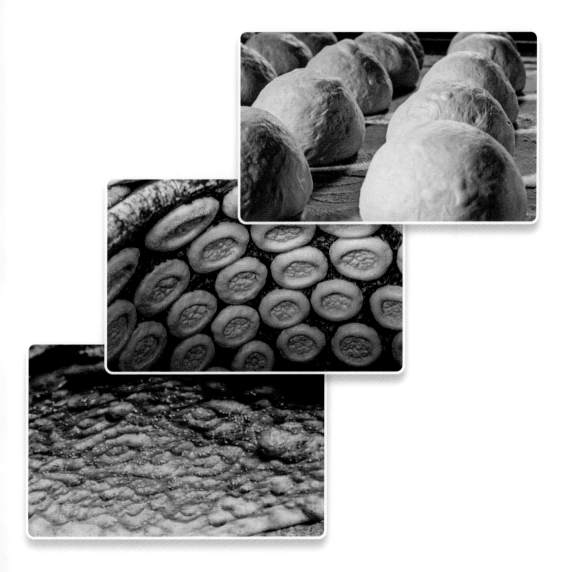

这是新疆人的日常，可以一日无菜，不可以一日无馕。

无论是居家还是出门旅行，馕都不可或缺。

新疆人对馕的创意是没有止境的，大小、形状、口味的不同，
让一道普通的面食变得花样百出。

玫瑰，是新疆和田地区最具地方特色的经济作物。

和田地区盛产玫瑰花茶，也盛产玫瑰花酱。

这里的玫瑰花馕别有一番风味，它更像是一块花香甜美
的点心。

面团擀成中间厚、边缘薄的圆饼，加入玫瑰花酱后收边，做成馅饼胚。

在高温的作用下，玫瑰花酱会从气孔中溢出，烤好的玫瑰花馕在酥脆中带着玫瑰花的芳香。

吃一口馕，在麦香肆意间，饥饿的肠胃被滋养，疲惫的身心被抚慰。

这里的玫瑰花馕别有一番风味，它更像是一块花香甜美的点心。

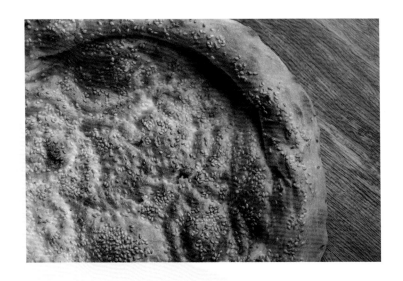

无论在繁华的都市，还是淳朴的村落，馕总是为人们带来慰藉和温暖。在新疆人的饮食文化中，馕是最值得骄傲的存在。

张骞在出使西域时，开辟了举世闻名的"丝绸之路"。从西域传入中原的物产，名称前多冠以"胡"字，其中就包括"胡饼"。北魏学者贾思勰在《齐民要术·饼法》中记载了"胡饼"的做法："以髓脂、密合和面，厚四五分，广六七寸，便著胡饼炉中，令熟。勿令反覆，饼肥美，可经久。"根据这一记述，贾思勰笔下的"胡饼"有可能就是今天的馕了。

吃一口馕在麦香肆意间，饥饿的肠胃被滋养，疲惫的身心被抚慰。

白居易曾在《寄胡饼与杨万州》的诗中写道："胡麻饼样学京都，面脆油香新出炉。寄与饥馋杨大使，尝看得似辅兴无。"由此可见，面脆油香的馕已经深深地俘获了唐代大文豪白居易的胃，以至于在那个交通极为不便的时代也一定要寄给好友品尝。从白居易给好友寄馕，到库尔班大叔向毛主席献馕……无论是名传千年的文豪，还是僻居县城的老人，都以香喷喷的馕跨越山水表达友情、承载敬意。

1991年，哈密出土了距今约三千年前的馕，历经岁月的变迁却依旧保存完好。这一发现表明，馕在很久以前就已经是新疆人的传统食物了。千百年来，关于馕的传说故事屡见不鲜，其中有一个故事最为大家所津津乐道。

相传在很久以前，有一个名叫吐尔洪的牧羊人，他每天在炎热的塔克拉玛干大沙漠边缘放牧。

一天中午，天热得像着了火一样，吐尔洪被太阳烤得浑身冒汗，实在受不了了，就赶忙跑回毡房，一口气喝了好多水，却还是热得难受。这时，他看到妻子放在盆里和好的一团面，顺手抓起来就扣在了头上，又赶回牧场继续放牧。面团扣在头顶上，凉丝丝的，十分舒服，可不一会儿，面团就被太阳烤熟了，还散发出阵阵香味。吐尔洪摸了摸头上的面饼，随手揪下一块放进嘴里一尝，又香又软，非常好吃。吐尔洪高兴地跳了起来，把这件事告诉了其他牧民。大家按照他的方法，都做出了香软可口的面饼。后来，在没有太阳的时候，大家就用火烤着面饼吃，发现味道比之前更好。这就是关于馕来历的传说。

其实，馕的真正来历是缘于家家户户在土炉余烬里烤制的馍，后来发展成在炉内烤制的发面饼，进而演变成现在在馕坑里烤制的馕。早期制作馕的方法绝对是一种粗犷的生活艺术，人们直接在沙子里刨个坑，把柴火丢进去，再将饼放在坑里烧制完成。新疆人完全不认为有炭灰的馕就脏了，轻轻拍打拍打炭灰就吹尽了，入口反而更香。

馕的制作工艺非常讲究。大多数馕都以面粉为主料，配以盐、鸡蛋、牛奶、皮芽子、芝麻等食材，经过和面、做饼、烤制三道工序制作而成。新疆人不说做馕，而说"打馕"。所有馕的打制方式都一样，只是会有大小、食材、馅料之分。烤馕，也不会用烤箱或烤炉，而是使用专门的"馕坑"烤制。馕坑有大有小，像煲汤的瓦罐一样，口小肚子大。

对于以世代打馕为生的家庭而言，打馕既是生活所需，也是一天的开始。几乎在新疆所有的城市，供应热馕的最佳时间都是在黎明。因此，拂晓时分，打馕师傅就会烧好馕坑，将一团和了牛奶、鸡蛋、清油、盐的面团使劲在案板上摔打，在手中反复揉搓推转成圆饼后向上轻甩，再借助回旋的力道将面团扯成一个圆形大饼。这个力道要练习很久才能掌握，否则馕会厚薄不均，烤的时候容易糊掉。

打馕的师傅会在面饼上用木头或铁制的馕针压出一圈一圈圆形或五角形的花纹，再把切碎的皮芽子或白芝麻撒在面上，制饼就完成了。

在馕面上压出花纹，不仅仅是为了装饰，更是为了防止馕在烤制中变形。一切准备就绪后，打馕师傅会将馕饼覆在馕枕上，弯着腰贴入馕坑烤制。烤熟后，用两个铁钩子一叉、一提，一个个热气腾腾的馕就出炉了。趁着热气环绕，掰开馕的一角，会发现里面都是镂空的发酵气泡。芝麻、皮芽子、烤面的味道在空气中碰撞，香气四溢。刚出炉的一小时，是品鉴馕的黄金时刻。香软、柔韧的馕带着麦芽的香气，用沉甸甸的碳水化合物给人踏踏实实、满满足足的幸福感。大概一周后，再松软的馕都会因新疆干燥的气候而变得干硬。但对于爱吃馕的新疆人而言，变硬了的馕反倒是一种升华。一个馕吃出两种滋味，也未尝不是一种绝佳的味觉体验。

馕的种类非常多，可能连新疆人自己都算不过来。按食材划分，有白面馕、高粱馕、苞谷馕、青稞馕、荞麦馕、鹰嘴豆馕、蜂蜜馕、红枣馕、葡萄干馕、巴旦木馕、瓜子馕、红花馕等。按形制划分，有直径 60 厘米，被称作"馕中之王"的库车大馕；也有小如核桃的托喀西馕。按厚度划分，有薄若纸张的恰皮塔馕；也有厚达五六厘米的窝窝馕。按馅料划分，有肉馕、核桃馕、辣皮子馕、玫瑰花馕等。如今，随着经济社会的发展，馕从传统走向现代，制作方法、品种口味等各方面都从粗糙朝着精致的方向发展。历经改革创新，这个祖辈们曾经的果腹之物如今已华丽地走向世界，成为新疆的一张独特名片。年轻一代的打馕匠们，更是不拘泥于传统馕的做法，他们用脑海中不断涌现出的创意，翻新着馕的花样，让各种各样的美味与馕产生新的融合。

馕可以单独作为主食使用，也可以和其他美食相佐，任意搭配。

馕，看似简单却花样百出。它可以单独作为主食使用，也可以和其他美食相佐，任意搭配。它是肉的伴侣，馕包肉、馕炒烤肉绝对是新疆男人的最爱；它也是主食的伴侣，大盘鸡配馕、炒米粉配馕都让新疆女人深深地沉醉其中。另一种极简的搭配是一碗奶茶或黑茶配着馕喝，又或是用馕配着一盘用皮芽子、辣椒、西红柿拌成的"皮辣红"凉菜，都实在是一种惬意。

久放不坏的馕对新疆人而言就是"生命燃料"，人们把馕看作吉祥物，象征着幸福、团结和富贵。同时，馕也被赋予了敬仰、责任等文化内涵，由此而衍生出的习俗也经祖祖辈辈口耳相传，并增添了新时代的色彩。

在新疆许多人家，永远有一摞馕摆放在桌子的正中间。摆馕时，有花纹的一面要朝上。吃馕时，要将馕掰开与家人分食，体现出有福同享的亲情。孩子在吃馕的时候，父母也会叮嘱孩子蘸着茶小口吃。

馕，在人们的生活中，一直扮演者重要的角色。

馕，在人们的生活中，一直扮演着重要的角色。节假日，人们会带着馕去看望长辈和朋友，以表示对长辈的尊重和对朋友的祝福。出门远行时，妻子会为丈夫装好作为必备干粮的馕，那让人回味无穷的炉火滋味，走到哪里都有了家的味道。

馕的朴实之美也正是粮食之美，简单、地道、本色。千百年来，新疆人对馕的感情，是一股热爱与眷恋，饱含对美好生活的一种期盼。走在街头小巷中，如果与馕不期而遇，那就来一场有味道的邂逅吧。

焰火暖香

烤包子　薄皮包子

微风的光临，让它们飘香四溢；阳光的拜访，让它们灵秀诱人。炉火明灭间成就的迥异之味，恰巧也是心仪之味。请细细地咀嚼，静静地回味。

属于家乡的味道，不止于馕。

烤包子，是新疆的传统美味，也是新疆各族人民都喜爱的一种风味美食。

凯撒尔经营着一家烤包子店铺，他对于制作烤包子颇有心得。

要挑选颜色正、纹理细腻的羊腿肉做馅料。新鲜的羊腿肉和皮芽子，是制作烤包子馅儿的最佳搭档。

包好的烤包子，洒上盐水，才能在馕坑里很好地贴合。需要一定的速度和技巧，才能迅速将烤包子贴合得齐整。

十几分钟后，烤包子已经烤熟。外皮金黄酥脆，馅料油而不腻，入口皮脆肉嫩，味鲜油香。

烤包子制作过程

在新疆，有馕坑的地方就会有烤包子。

烤包子的"近亲"是薄皮包子，二者因制作手法的不同，滋味也各不相同。

木垒县的薄皮包子在新疆最出名。每天凌晨四时，雷传谷就开始忙碌起来。

比起烤包子注重火候，薄皮包子更注重原材料的选择。硬面擀成薄皮，馅儿料选用木垒本地产的羊后腿肉切丁，混入羊尾油，再加上皮芽子碎、黑胡椒、鸡蛋搅拌而成。

烤包子的「近亲」薄皮包子，也因制作手法的不同，滋味各不相同。

薄皮包子上锅蒸15分钟，就可出锅。色白油亮，皮薄如纸，一口咬开，肉馅鲜美、汤汁满溢，是一种极致的味觉享受。

一盘薄皮包子，再配上一碗用羊羔肉、胡萝卜和香菜制作的肉糸汤，是木垒人最爱的早餐搭配。

黎明时分，吃上一口软绵绵、热乎乎的包子，或许是每个早上最幸福的时刻。中式早餐的形式多种多样，南北地区因物产资源和地理位置的不同，差异非常大。但是有一种早餐，几乎不分南北，只是做法和馅料不同，那就是包子。

南方和北方的包子就像同源的两个派别，不尽相同，各有千秋。南方的包子大多小巧玲珑，上海生煎包、杭州小笼包、广东奶黄包……无论是外形还是馅料，都较为精致；北方的包子则显得大气、粗犷，北京庆丰包子、山东水煎包、天津狗不理……一口咬下去，满满的馅料，让人大呼过瘾。提起新疆的包子，第一个映入脑海的一定就是烤包子。烤包子，顾名思义，就是用火烤出来的包子。

从历史演变过程来看，烤制食物是人类最初的饮食方法。"烤"是个既小又大的概念，也是种既古又新的技艺。人们对于烤制食物的喜爱，应该是刻在基因里的，从人类的祖先学会钻木取火烤制肉类时就开始了。《礼记》上说："炙，贯之火上也。"《齐民要术》中也收录了北魏及其以前历代的 20 多种"炙"的方式。由于"炙"的好吃味美，还引出"脍炙人口"一词。可见，当"烤"从一种技艺提升为一种饮食文化时，我们不仅可以感受食物的魅力，还能品味到中国的传统文化。

据说，起初的游牧民族常年在山中游牧，居无定点。为了能够更好地补充能量，牧民们会把提前准备好的羊肉用山泉水洗净切碎，加上皮芽子和盐调拌均匀。再用和好的面包住肉馅，埋在燃过的柴火灰里进行焖烤。这种方法做出的包子，面皮上会沾上不少灰。于是，聪明的祖辈们就想出了一个办法：找来几块光滑的大石头，擦洗干净，选两块用来做支架，另外再选择一块较为平整的大石头架在上面，形成一个镂空的三角形；然后找来干柴点火烤石头，等石头烤热后，再把包子贴在石头的内壁上，这样烤出来的包子表面就非常干净了。

这种烤包子的技法后来逐渐演变为贴在馕坑里烤制,这也是新疆烤包子的一大特色。为了成就更加美味的口感,人们又在羊肉、皮芽子和食盐之外,加入了胡椒粉、孜然进行调味。不可否认的是,用馕坑烤出来的包子的确比用烤箱烤出来的多了一些无法形容的味道。如今,新疆的烤包子不仅有肉馅、素馅、果仁馅等丰富的品种,也兼具方形、圆形、长条形等各不相同的造型。

经过高温炙烤,一只只金黄油亮的烤包子就从馕坑里出炉了。面皮表面焦脆、鲜亮、泛着油光,而里层绵软、暄柔、富有弹性。送入口中,咬着脆响,嚼着筋道,香浓的肉香裹着皮芽子的清香会立刻侵占人们的口腔,俘获人们的心。再加上那一点点淡淡的炭香味,令人回味无穷。如果再配上一杯热茶,简直就是神仙般的享受。

千年之前，生于沙漠中的人们以地为锅，将包子埋于炭灰之中，通过余温慢慢焖熟，体现出人们的聪明睿智。千年之后，这些最简单的果腹之物生生不息、盛行于此，成为新疆的美食名片，传承了博大精深的华夏文明。

薄皮包子的面皮非常薄，在蒸好后，能穿透包子皮看见饱满的肉馅，吃起来就仿佛包子皮都溶化到了嫩肉油香里了。

薄皮包子的做法十分讲究，不能使用发面，而是要用温盐水和成的硬面进行制作。将硬面切成面剂子后，擀成特别透亮的薄片，再放上肉馅，包成鸡冠形，捏出极富规律的花褶，放入笼屉用旺火蒸 20 分钟。

蒸好后的薄皮包子色白油亮，皮薄如纸，肉嫩油丰。

蒸好后的薄皮包子色白油亮，皮薄如纸，肉嫩油丰。原汁原味的羊肉鲜香，与皮芽子、黑胡椒等厚味食材组合在一起，散发着浓浓的诱人香气。上桌前，在薄皮包子表面撒上适量的胡椒粉，一口咬下去，胡椒的辛辣、皮儿的滑嫩、肉馅的醇厚、肉汤的鲜美，融合在一起，像是一场舌尖上的舞蹈。

除了单独食用，薄皮包子还可以和馕、抓饭一起食用。

将薄皮包子盛放在一个圆圆的馕上，当包子的汤汁流入馕中时，香酥的馕立刻就会柔软许多，两种香味重叠在一起，风味异常独特；而"薄皮包子抓饭"则既有包子的味道，又有抓饭的味道，一盘美食两种味道，也是新疆各族人民招待客人的美食之一。

在新疆还有一种风味独特的薄皮包子，叫葫芦包子。馅料是用甜味葫芦、牛羊肉、皮芽子、精盐、清油及胡椒粉制作而成。葫芦包子多汁，咬上一口，就会让味蕾充分享受到那一丝与众不同的香甜，在口中回味许久。

烤包子和薄皮包子虽然制作方式完全不同，但是面皮馅料却完全一致，让同样的食材吃出了两种完全不同的诱人滋味。作为馅料中主要的配菜——皮芽子，绝对是新疆人的挚爱。

皮芽子也就是洋葱，它的营养价值极高，有着"蔬菜皇后"的美誉。它不含脂肪，但含有挥发油。挥发油能有效降低人体对肉类中胆固醇的吸收，避免脂肪过量。因此，皮芽子与牛羊肉同食，可以解油腻，起到增香提鲜的作用。在烹制成熟后，皮芽子几乎没有辣味，而是带着一股浓浓的甜香。

都说好吃的美食绝对不会简单。新疆的烤包子和薄皮包子也是如此。

羊肉和皮芽子就像是天地间一对最绝妙的组合，有羊肉的地方就一定会有皮芽子的身影。

包子的内容固然重要，但是「包容」更为重要。

首先，要选择最为新鲜的羊肉，最好是肥壮的羯羊，挑选后腿、肋条等部位肥瘦相间的肉，肉要剁得大小均匀，剁的时候倒入一定的水，这样会更加鲜嫩。其次，皮芽子和调料要适量，拌出来的馅才最鲜美。最后，面在和好后要反复地揉，这样面皮才不会破裂，味道也香。随着时间的推移以及个人口味的不同，除了将羊肉和皮芽子这一标配馅料保留，有的人也会加入青椒、西红柿等配菜。

包子的内容固然重要，但是"包容"更为重要。不管它的馅儿是肉，是菜，是菇或是粉，打碎揉和以后，它们都在同一张面皮里相互影响、相互作用，让五味调和共融。用焰火中浓浓的家乡味道，用蒸笼上暖暖的待客主食，用餐桌上的新疆包子，向来到这里的客人们表达最好的欢迎和最高的礼遇。

抓饭、纳仁、拌面、馕、烤包子、薄皮包子……这些极具地域特色的新疆主食，从传承到发展，从传统到创新，从一种食材到探索更多食材组合的可能性……让更多元的美食与我们不期而遇，品尝到家的味道。

《主食故事》中，这些令人回味悠长的美味，正成就着我们的一日三餐。

滋味融合，这是属于新疆的主食故事。